STEAM之
创意编程思维

Scratch Jr精灵版

下册（8~13话）

叶天萍 著

◆通过对国内外儿童和青少年创造力课程的专项研究，运用美国麻省理工学院多媒体实验室为青少年和儿童设计的Scratch编程软件，将场景导入、游戏化的方式运用于学习，能够帮助学生进行有效的创意表达和数字化呈现，充分地激发孩子们的想象力和创造力。

◆Scratch是可视化积木拼搭设计方式的编程软件，天才密码STEAM创意编程思维系列丛书不是让孩子们学会一连串的代码，而是在整个学习体验过程中孩子们逐步学会自己思考并实现自己的想法和设计。

◆所有的编程作品都可以运用于实际生活，我们鼓励每一个孩子都能够通过自己的想象、思考、判断和创造，解决生活中可能遇到的各种问题。

复旦大學 出版社

内容提要

　　Scratch Jr 是美国麻省理工学院多媒体实验室专门为 5~8 岁儿童设计的基于 Pad 的积木式编程软件，它可以帮助儿童创编属于自己的故事、游戏等作品。本书是"天才密码 STEAM 之创意编程思维系列丛书"中的一本，适合于 5~8 岁的儿童。本书结合这个年龄段的孩子爱听故事、爱看绘本的特点，采用"故事＋绘本"的设计，结合生活，寓教于乐，适合低龄儿童阅读和学习。在这本儿童编程图书中，并没有"程序""编程"这样的专业词汇，而是全部采用"指令""积木块"等儿童能够接受的简单用语。扫描书中每页的二维码设计，就能够听到书中内容的相关朗读，难点部分还有动画视频演示。全书包括上册、下册和教学指导手册，既方便学校低年级学生教学使用，也可用于家庭亲子阅读。

目录

（上册）

目 录

（下册）

 **第8话　机关大师**

学习目标

8.1 认识"触碰"和"永远重复"指令；

8.2 掌握复制角色、给角色改变颜色和拍摄角色的方法；

8.3 形成规划意识，学会根据问题理清设计和制作思路。

大灰狼被打跑后，火冒三丈，它咆哮着说："你们等着，我还会回来的！"

我还会回来的！

为了避免大灰狼突然袭击，卡卡和大家一起来商量设置陷阱。他向大家介绍了一个新的指令——"触碰"指令 。

精灵鼠问："这个指令有什么用呀？"

卡卡神秘地说："它能知道Scratch Jr中的角色有没有相互碰到。我们可以用它来发现大灰狼有没有踩到陷阱。"

精灵鼠问："那我们布什么样的陷阱好？"

"先看看Scratch Jr的角色物品中有哪些东西可以用。"卡卡边打开角色库边说。

小伙伴们凑过头来仔细在角色物品中寻找，突然思思兔蹦了起来："这个，这个！"思思兔用手指向"仙人掌"图标。

精灵鼠拍着手说："对呀，对呀！可以用仙人掌来扎大灰狼的屁股！"

于是大家把"仙人掌"这个角色放置到舞台上。但是，他们马上就发现有问题，"仙人掌太大了，大灰狼肯定会发现并躲开它。"思思兔说道。

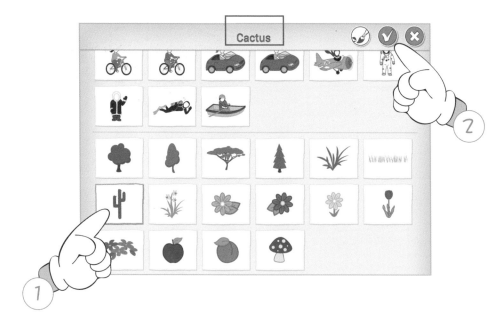

小朋友，你有什么好主意能让大灰狼不容易发现仙人掌？

"可以让它隐身！"精灵鼠说道。

"隐身是个好主意，但是我尝试过，如果隐身了，这个触碰指令就没用了。"卡卡摇摇头说。

"可以把它缩得很小很小吗？当大灰狼踩到它时再回到原来的大小。"思思兔晃着耳朵说。

卡卡点点头："这个可以实现，那就请思思兔来试着编写指令吧！"

思思兔接过Pad，先拖出"绿旗"指令 ，在它后面加上"缩小"指令 ，并修改了"缩小"指令下方的数值。然后，他一点舞台上的绿旗，仙人掌瞬间变得和小草一样大小了。

小朋友，你知道思思兔修改的"缩小"指令里的数值是几吗？

任务1

在"缩小"指令下方，填入把仙人掌可以缩到最小的数值。

精灵鼠惊叹地拍起手来："哇，好小啊！大灰狼肯定会上当！"

"别急，还要把剩下的指令编完。"卡卡说着又拖出"触碰"指令，并在它后面加上"还原大小"指令，对正在Scratch Jr里的豆豆说："豆豆，你来测试一下。"

豆豆直摆手："不要，不要，我可不想变成'蜂窝'。"

卡卡笑着说："没事，我来给你穿上'防刺衣'。"

只见卡卡点击舞台左侧豆豆边上的"毛笔"图标，豆豆一下子跑到"图形设计"界面里了。

不要不要，我怕刺！！

卡卡用"油漆桶"给豆豆填上红色，就像"钢铁侠"一样。

好啦，你不怕刺了！

真有趣，我来了！

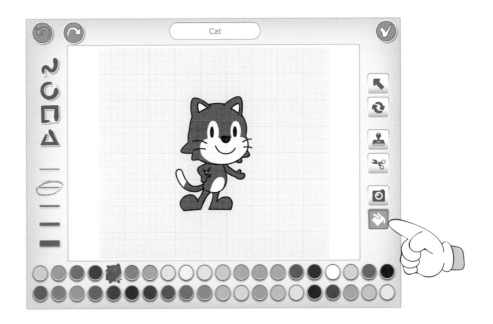

豆豆大摇大摆地走了过来，刚刚碰到那颗缩小了的仙人掌，仙人掌就立刻变大，刺了豆豆好几下，要不是他穿了防刺衣，身上早就扎出好多洞。

小朋友，这是不是很有趣？

你也来试试，把豆豆移动到仙人掌上，看看会发生什么变化？

其他小伙伴觉得好神奇，把豆豆拖来拖去……

豆豆大声嚷嚷起来："快把我弄出来，别把'防刺衣'弄破了，我可不想被扎！"

思思兔不好意思地说："我来帮你。"他在Scratch Jr的舞台上轻轻点住豆豆，把豆豆从舞台上删除了。

"我觉得应该多放几个陷阱，好让大灰狼容易上当。"精灵鼠担心一个陷阱不够。

"你说得对，我发现有个节约时间的好办法，用它可以变出很多个同样的角色。让我演示给你们看！"只见卡卡先轻轻按住舞台左边的仙人掌角色，接着滑动手指，把仙人掌拖动到舞台右边的小图上，只听到"呼"地一声，角色那边又多出一个仙人掌。

小伙伴们惊叹地说："这么容易啊？"于是他们七手八脚地弄出好多仙人掌，并且选择背景把陷阱装饰好，就等着大灰狼上钩。

　　果然，没过几天，大灰狼就来偷袭。当它偷偷摸摸地靠近豆豆家时，踩到好多仙人掌陷阱，"哎呦呦！""疼死我了！""哎呀！"……小伙伴们听到一声声嚎叫。大灰狼再也不敢来偷袭豆豆家了。

小朋友，你的Scratch Jr里是不是没有大灰狼？

来，让我们一起把它抓到里面去试一试陷阱好不好？

任务2：把大灰狼"抓"到Scratch Jr中。

1. 点击舞台左边"加号"图标新建角色。

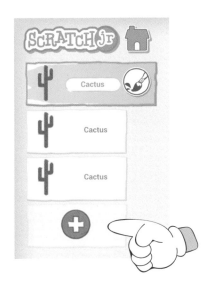

2. 点击空白图标，选择"毛笔"图标。

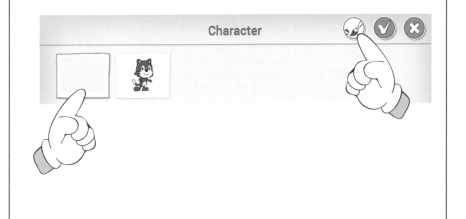

3. 用"圆形画笔"工具画一个圆。

4. 选择"拍摄"工具，在圆中间点击一下，会开启摄像头。

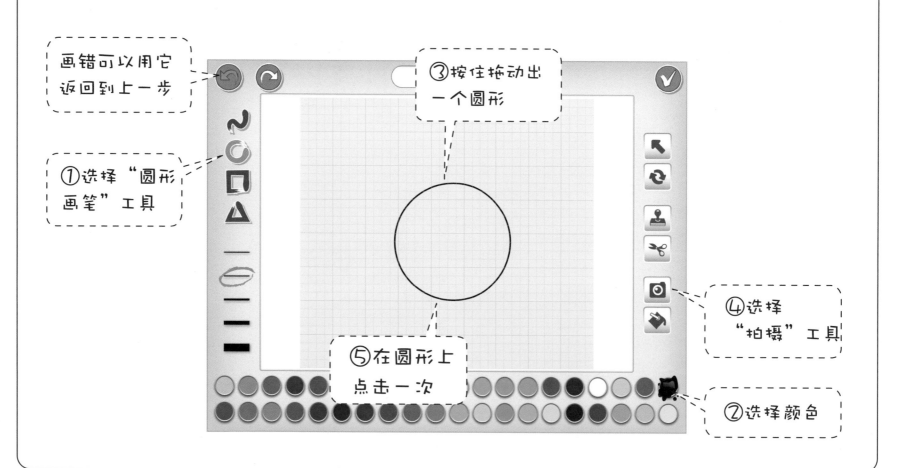

画错可以用它返回到上一步

③按住拖动出一个圆形

①选择"圆形画笔"工具

④选择"拍摄"工具

⑤在圆形上点击一次

②选择颜色

拍拍我听语音

5. 点击右上角的图标，把摄像头调整到背面拍摄。

6. 对准书本中的"大灰狼"，点击下方的"拍摄"按钮。

切换前后摄像头

对我拍照！

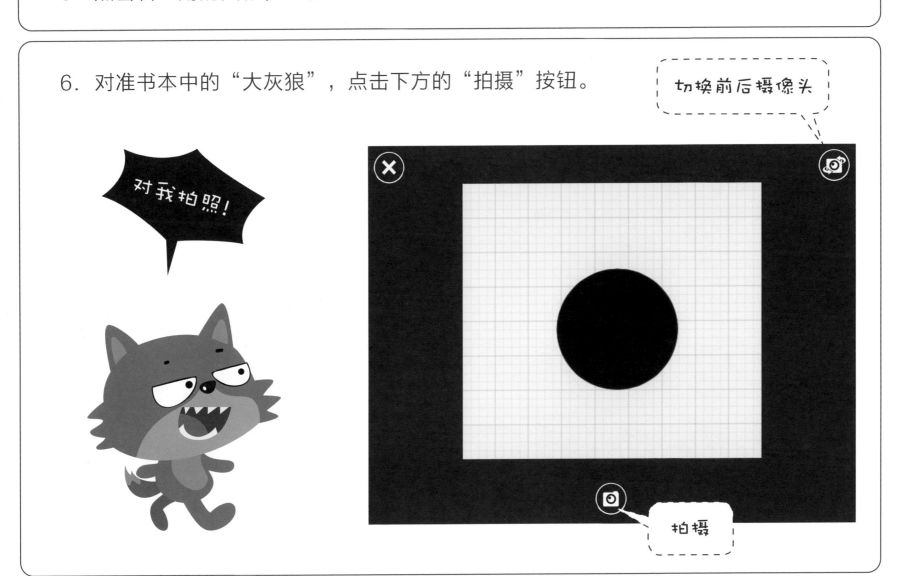

拍摄

7. 点击"确认"图标。

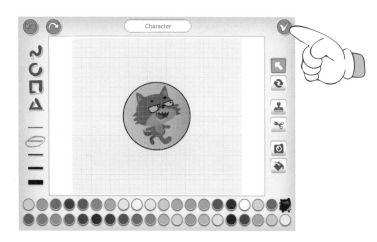

移动大灰狼，他是不是被扎得很惨呀？别忘记保存哦！

全屏播放

退出全屏

 想一想你还能用"触碰"指令做哪些作品。

1. 读一读下面这段文字。

　　妮妮是一条生活在大海里的快乐小鱼,它整天在水里自由地游来游去。小螃蟹、小海星、小海马都是它的好朋友,妮妮碰见它们总会相互问好。

2. 尝试根据这段文字创建一个新的Scratch Jr作品。

好开心!

小朋友,恭喜你获得一枚"触碰大师"勋章!

指令复习

指令	英文	中文	说明
	Start on Bump	从触碰开始	当角色被另一个角色触碰时运行指令。
	Say	说	在角色上方显示有文字的气泡。
	Grow	增大	增加角色的大小。
	Shrink	缩小	缩小角色的大小。
	Reset Size	重置大小	让角色恢复到导入舞台时的大小。
	Repeat Forever	永远重复	一遍又一遍地运行指令，永不结束。

任务答案

任务1：在"缩小"指令下方，填入把仙人掌可以缩到最小的数值。

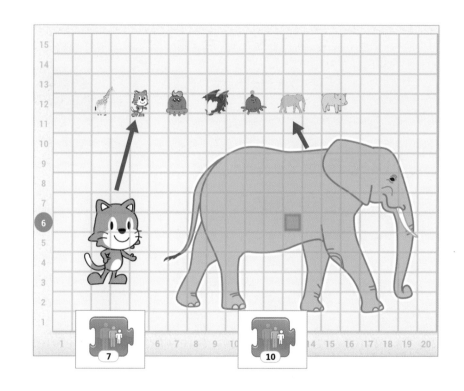

你有没有发现，对于仙人掌来说，"缩小"指令中填入数字8和数字10的效果是一样的？

在Scratch Jr中，所有角色最小只能缩小到大概一个"网格"的大小。但是不同的角色由于原来大小不同，需要缩到最小的数字也有所不同。例如，小猫只要缩小到"7"，而大象需要缩小到"10"。

拓展活动参考答案

小朋友，想要完成一个作品，我们先要理清设计和制作思路，你可以先试试回答下面几个问题。

①故事在哪里发生？

②故事里有哪些角色？

③这些角色在干什么？他们是怎样动的？

④角色之间有没有互动？

想清楚了这些问题，我们就可以用Scratch Jr来制作和编程了。下面是个范例，你可以有不一样的想法和做法哦！

1. 添加背景和角色

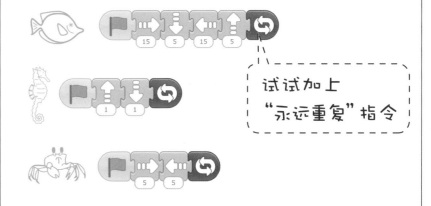

2. 给每个角色编程

（1）角色自己的动画指令

添加背景

添加角色

试试加上
"永远重复"指令

3. 试试运行效果

（2）给所有角色加上"触碰"指令

"对话"指令

 你还能用"触碰"指令设计出其他作品吗？

第9话　打鼠小能手

学习目标

9.1 认识"触碰"和"等待"指令；

9.2 掌握录音和用绘图板绘制角色的技能；

9.3 体验人机互动在生活中的应用。

嗯~哼…

老大放心！
我会为您报仇的！

　　大灰狼被仙人掌扎成"蜂窝"后，在床上足足躺了一个星期。

　　这天，它的死党大灰鼠过来讨好大灰狼："大哥，您上了他们'陷阱'的当，我看我们也去布置几个陷阱，这样您不用亲自出马，他们就会乖乖上钩！"

　　大灰狼半眯着眼说："陷阱是好，可这东西怎么用？当初我只是偷偷学了点这宝贝的本领，没有像他们中那个戴眼镜的小娃娃那么精通。"说着它咽了咽口水，"话说这小娃娃长得白白嫩嫩，味道一定很好！"

"大哥，这还不容易，让我打些地洞钻到他们家，偷学一点本领，以我的聪明才智，一定很快就学会了！"大灰鼠摸摸胡子得意地说。

"主意不错！那你现在就可以开始干活了！"大灰狼扔给大灰鼠一罐牛肉罐头，"赏赐你的！"

大灰鼠接过罐头舔舔舌头说："谢谢大哥！"

停在窗口的小喜鹊听到这个消息，立刻悄悄飞回去告诉小伙伴们。

小娃娃们~
等着我大灰鼠
来收拾你们！

豆豆听到大灰鼠要来的消息，顿时哈哈大笑起来："大灰鼠竟然要送上门来，倒是不用我费事去抓它了！"

"它可是打洞高手，我们不知道它会从哪里钻出来。"精灵鼠有点担心。

思思兔同意精灵鼠的说法："大灰鼠狡猾得很，说不定它会打好几个洞用来东躲西藏。"

卡卡不慌不忙地说："小伙伴们，不用怕，让我们用Scratch Jr训练一下'打鼠'本领。"

"打鼠？"小伙伴们一听就来了兴致，"那肯定很好玩！"

"大灰鼠老是把我摘的松果啃得乱七八糟，这下终于可以给它一点教训！"精灵鼠握着小拳头说。

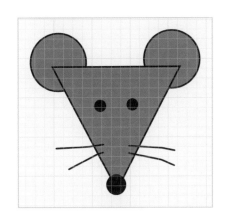

"不过，Scratch Jr的角色库中没有'老鼠'，我们自己画一只怎么样？"卡卡打开"图形设计"界面。

"好哇，好哇！我们就按照大灰鼠的形象来画！"在小伙伴们的欢呼声中，卡卡的手指在屏幕上点击、滑动起来。不一会儿，一只灰溜溜的老鼠头像就画好了。

 **小朋友，让我们一起跟着卡卡来画一画好吗？**

任务1：用Scratch Jr中的绘图板绘制一只老鼠头像。

1. 新建一个角色

① 删除"小猫"

② 点击"新建角色"

2. 绘制"三角脸"

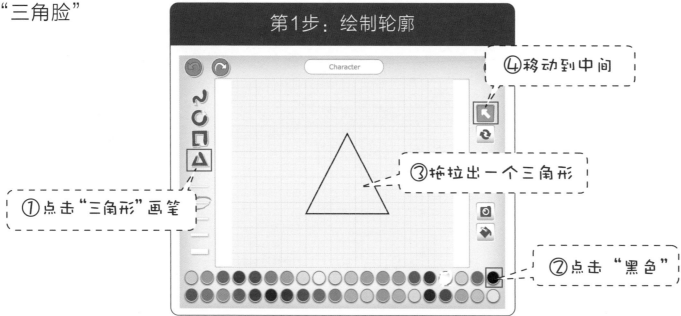

第1步：绘制轮廓

④移动到中间

③拖拉出一个三角形

①点击"三角形"画笔

②点击"黑色"

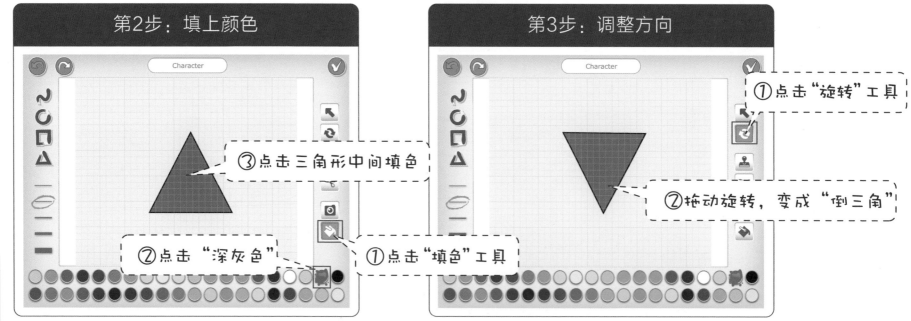

第2步：填上颜色

③点击三角形中间填色

②点击"深灰色"

①点击"填色"工具

第3步：调整方向

①点击"旋转"工具

②拖动旋转，变成"倒三角"

3. 绘制耳朵

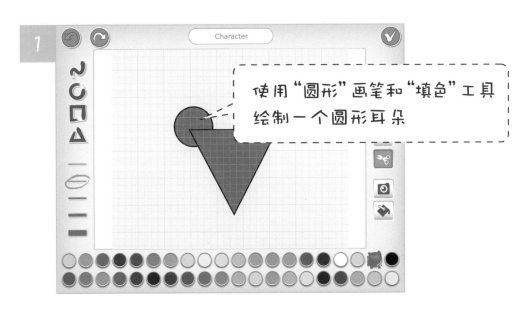

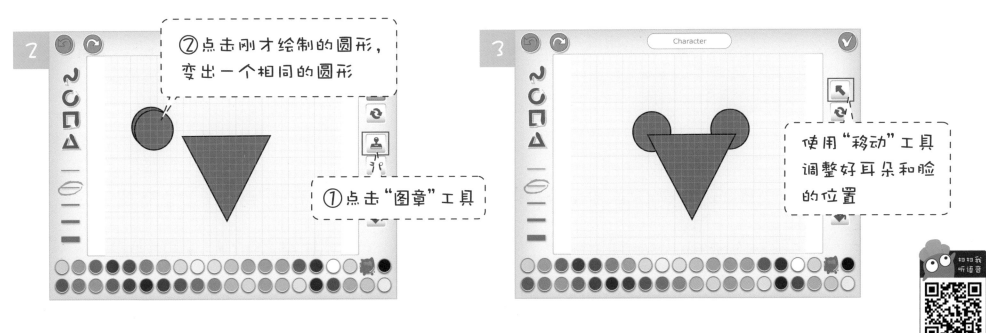

4. 绘制眼睛和鼻子

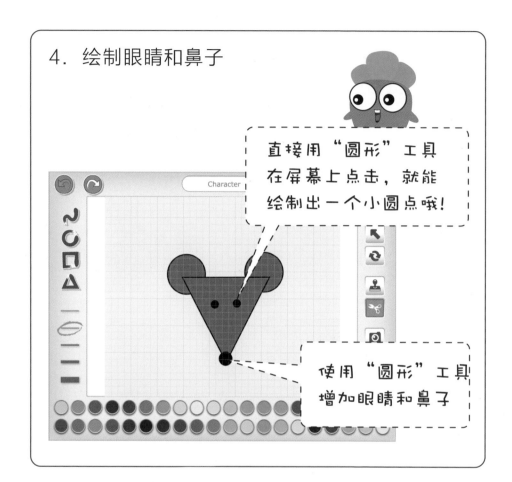

直接用"圆形"工具在屏幕上点击，就能绘制出一个小圆点哦！

使用"圆形"工具增加眼睛和鼻子

5. 绘制胡子

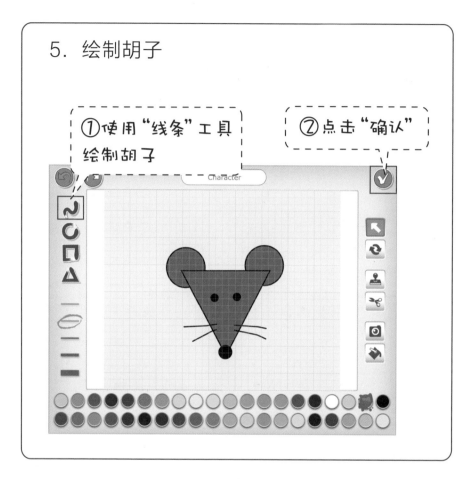

①使用"线条"工具绘制胡子

②点击"确认"

小朋友，你在画画过程中有没有碰到困难？在画错的时候有没有及时使用"返回上一步" 呢？记住它可是个好帮手哦！

画完大灰鼠后，卡卡指指Pad说："想成为'打鼠'高手，我们先要学会'点击'指令。看到黄色积木块中画有手指的指令了吗？这就是'点击'指令 ，它表示点击角色时，才能运行放在它后面的指令。"

思思兔摸着它的大耳朵喃喃道："难道这就是传说中的'点指神功'？"

卡卡笑了："哪里来的什么'点指神功'？不过这个本领的确离不开手指点击。"

这个指令和上次学习过的"触碰"指令很像呢！

是的，不能搞混了，你看"点击"指令上有个手指，只要记住这个特征就可以了。

说着卡卡先选中刚才绘制的大灰鼠头像，然后把"点击"指令拖到编程区，问小伙伴们："你们想打到大灰鼠时它有怎样的反应？"

　　"我想让它消失！""我想让它抖一抖！""我想让它缩小！"……小伙伴们争先恐后地发表意见。

　　"那先学学让它消失吧！"卡卡举着Pad问，"谁来试试编一编指令？"

　　"我来，我来！"思思兔早已把手高高举起。它接过Pad，立刻拖出"隐身"指令，干净利落地放在"点击"指令后面。

　　"思思兔的本领学得真不错！"卡卡称赞道。

　　"那是因为你每次教我们时，我都非常认真地听，而且我有空都会回忆一遍新学的本领。"思思兔谦虚地说。

　　"你很努力！"卡卡翘起大拇指。

　　"我们也很认真和努力的！"旁边的小伙伴们七嘴八舌地说。

　　"嗯，大家都很努力，我们一定能够学好本领，让大灰狼和大灰鼠不敢再欺负我们！"卡卡的鼓励让大家的信心更充足了。

我来，我来！

扫扫我
听语音

接着，小伙伴们测试了思思兔编写的指令。果然，只要手指轻轻一点大灰鼠，大灰鼠就不见了。但是大家发现，大灰鼠消失后，再也不出现了。

小朋友，想想怎样才能让大灰鼠消失后过一会儿再自动出现呢？

于是，卡卡又从橙色积木块中拖出一个长得像个时钟一样的指令——"等待"指令，把它放在"隐身"指令后，并且在最后又加上"显示"指令，然后他让小伙伴们再来试一试。

"等待"指令下数值10代表1秒的时间长度。

这一次，大灰鼠消失后过了1秒钟左右，它又出现在原地。

"这还太容易，它老是出现在原地，没有难度啊！现实中的大灰鼠可狡猾了，根本不会这么老实。"豆豆提出自己的看法。

"你想让大灰鼠不出现在固定位置上？"卡卡有点为难，"这样做不到哦！因为在Scratch Jr中没有能让角色'随机'出现的指令。"

"什么叫'随机'？"思思兔好奇地问。

"'随机'就像是抽奖一样，事先不知道谁会中哪个奖。"卡卡比划着说。

"哦，我明白了，那'随机'出现的意思就是说在任何一个位置都可能出现？"思思兔晃着大耳朵说道。

卡卡点点头："对，这样就增加了练习的难度。"

"那我们像上次设计'陷阱'一样，多放几个'大灰鼠'，再设置不同的等待时间出现，这样难度就能增加吧？"思思兔出了一个主意。

精灵鼠有点不好意思地问："思思兔，我不是特别明白你的意思，能做给我看看吗？"

思思兔拉着精灵鼠的手说："没有关系，我演示给你看。"

只见思思兔又增加了5个"大灰鼠"角色，并把它们放在了不同的位置，然后给每只大灰鼠设置了不同的等待时间。

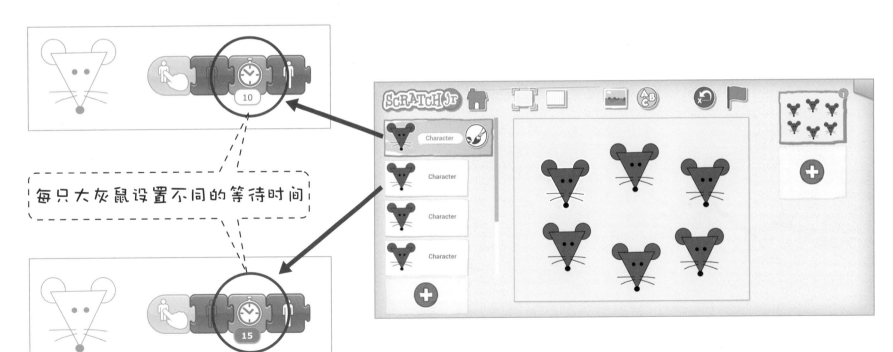

每只大灰鼠设置不同的等待时间

"原来如此！"精灵鼠恍然大悟，"思思兔你真会动脑筋！能让我先试试吗？"

思思兔把Pad给精灵鼠："当然可以，请你先做我的测试员！"

精灵鼠看着舞台中的大灰鼠头像，不由自主地恨得牙直痒痒。面对着争先恐后出现的"大灰鼠"，精灵鼠开始还有些手忙脚乱，来不及击打，但很快就熟练了。

其他小伙伴也加入了练习的队伍，不一会儿，大家都成为"打鼠"小能手。

在卡卡的帮助下，思思兔还改进了指令，让大灰鼠一开始都"隐身"起来，这就使"打鼠"练习更有难度了。

你想知道思思兔是怎样改进指令的吗？

任务2：看看视频效果，试着改进思思兔的指令。

扫一扫，看视频

精灵国监狱

在地底下，大灰鼠果然设计了很多条"地道"，洞口遍布豆豆家的角角落落。但是，每当它出现在豆豆家的任何一个位置时，都会有小伙伴快速冲过去把它"打"回去。

大灰鼠东躲西藏，狼狈不堪。正当它出现在豆豆附近时，豆豆冲过去一把抓住它，把它关进了笼子，并送进精灵国监狱。从此，大灰鼠只能在牢房里哀嚎，它再也不能和大灰狼一起做坏事了。

小朋友们知道吗？我们可以用手指"点击"来触发事件，也就是说，"点击"指令其实和我们的生活息息相关！你能找到它们在哪里吗？

试试用"点击"指令制作一个"家庭点歌台"，把自己和家人美妙的歌声都录进去好吗？

小朋友，恭喜你获得一枚"神手指"勋章。

指令复习

指令	英文	中文	说明
	Start on Tap	从点击开始	当点击角色时运行指令。
	Start on Bump	从触碰开始	当角色被另一个角色触碰时运行指令。
	Hide	隐藏	淡出角色，直到看不见。
	Show	显示	淡入角色，直到完全可见。
	Play Recorded Sound	播放录音	播放用户记录的声音。
	Wait	等	将角色的指令暂停指定的时间（"10"为1秒钟）。

扫扫我
听语音

任务答案

扫一扫，看视频

任务1：用Scratch Jr中的绘图板绘制一只老鼠头像。

任务2：看看视频效果，试着改进思思兔的指令。

先设置点击"绿旗"让大灰鼠们都隐身，然后设置不同的等待时间。

角色1

角色2

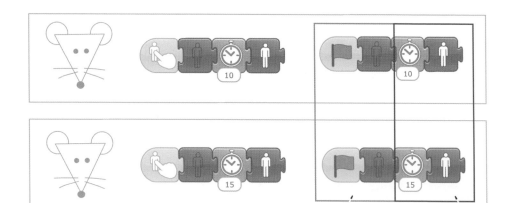

点击"绿旗"隐身   等待不同的时间后显示

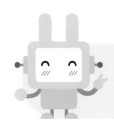

拓展活动参考答案

制作一个"家庭点歌台"。

1. 增加3个角色，分别代表不同的家庭成员。

2. 给每个角色录音，每个人唱一段拿手的歌曲。

②点击要录音的角色

①添加角色

③点击"录音"指令

④点击"确定"按钮

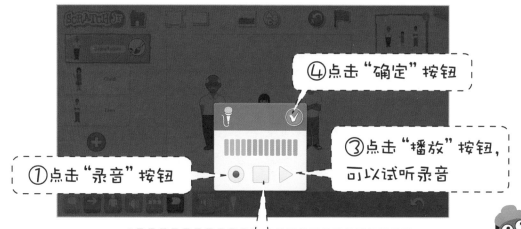

①点击"录音"按钮

③点击"播放"按钮，可以试听录音

②录音完毕后，点击"停止"按钮

3. 给每个角色编写指令。

录音成功后，
会增加一个声音指令

4. 加上背景后，快来试一试吧！

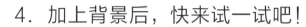

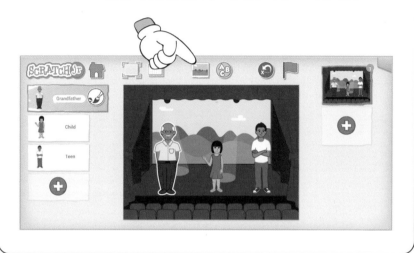

第10话　收录美丽风景

学习目标

10.1　认识"场景转换"指令；

10.2　掌握在场景中添加标题、增加多个场景和拍摄场景的技能；

10.3　懂得生活与场景的关系，初步形成场景规划的意识。

大灰狼逃走啦！

太好了，我们胜利啦！

　　大灰狼被仙人掌扎得一身伤还没有好，又听说自己的死党大灰鼠被关了起来，气得龇牙咧嘴。不过它怕豆豆他们用Pad又整出什么新鲜花样把自己也抓进精灵国监狱，便带着伤偷偷地搬离凤凰山，躲到更远的地方。

　　"大灰狼逃走啦！大灰狼逃走啦！"小喜鹊飞过来，向小伙伴们报告了这个好消息。

　　"耶！我们胜利了！"小伙伴们连蹦带跳地欢呼起来！

豆豆学会使用Scratch Jr后，用指令抓老鼠的速度也比以前快多了。他很快就抓满50只老鼠，换了一辆"喵喵旋风车"，载着卡卡和小伙伴们在精灵国里开心地转悠。

　　卡卡终于有时间欣赏精灵国的风景。旋风车沿着精灵大道慢悠悠地行驶着，卡卡看到各式各样的小房子，都盖得萌萌的超级可爱。他急忙拿出Pad，对着这些美丽的建筑拍起照来。

"卡卡，你在干嘛呀？"精灵鼠好奇地问。

"我在用Scratch Jr制作动画相册，把这些美丽的景色都放进去，这样我回去后就可以给同学们看了。"卡卡咔嚓咔嚓点着屏幕说。

"这么神奇？"精灵鼠探头探脑地看着卡卡操作，跃跃欲试地说："能让我试试吗？"

"没问题！"卡卡把Pad交给精灵鼠，教它如何把风景拍到Scratch Jr中，并做成自动播放的动画相册。

小朋友，你也想来学一学吗？把你所在城市、校园、小区的美丽景色做成一个"动画相册"怎么样？

任务1：用Scratch Jr制作动画相册。

1. 新建一个作品

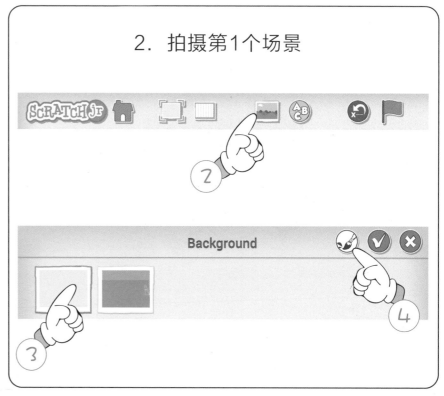

2. 拍摄第1个场景

扫扫我
听语音

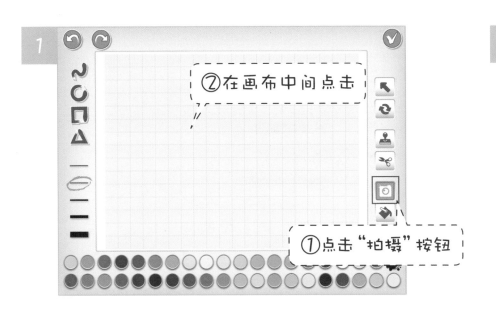

②在画布中间点击

①点击"拍摄"按钮

③点击转换前后摄像头

④点击拍摄

⑤点击"确认"

如果拍得不满意，可以重新开始操作哦！

扫扫我
听语音

3. 为场景加上标题

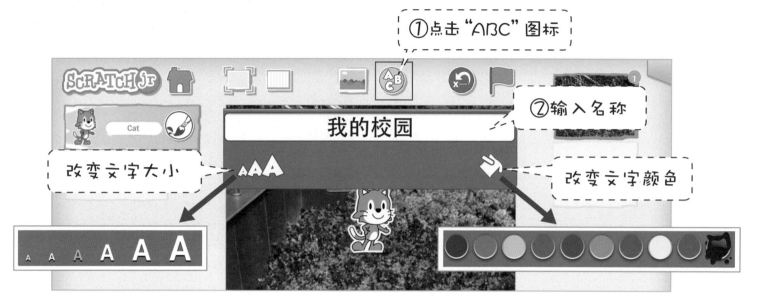

①点击"ABC"图标

②输入名称

改变文字大小

我的校园

改变文字颜色

拖动小猫和标题，调整位置

4. 增加一个新的场景

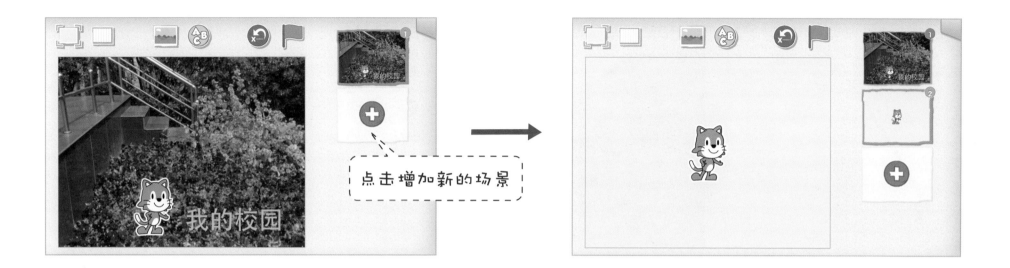

点击增加新的场景

在Scratch Jr中，每增加一个场景，里面都有只长得一模一样的小猫，但是它和其他场景中的那只小猫没有任何关系。也就是说，第1个场景中如果有只小猫在跳舞，当变到第2个场景时，就看不见这只小猫跳舞了。

5. 重复上面的步骤2和3，拍摄新背景

第2个场景

学校操场

这两只小猫没有关系哦！

我的教室

第3个场景

在Scratch Jr中，场景切换的指令只能编写在角色上，所以每个场景至少需要一个角色。

6. 为每个场景中的小猫，编写切换场景指令

第1个场景

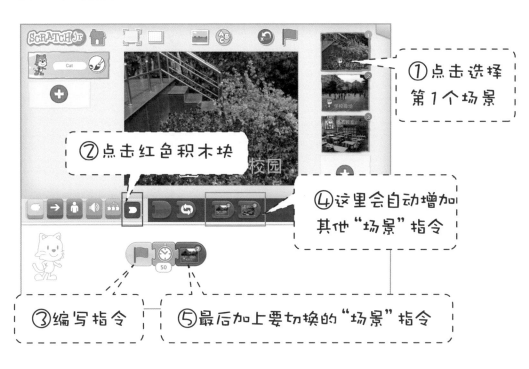

① 点击选择第1个场景

② 点击红色积木块

④ 这里会自动增加其他"场景"指令

③ 编写指令

⑤ 最后加上要切换的"场景"指令

第2个场景

⑥ 点击选择第2个场景

⑦ 编写指令

第3个场景：用同样的方法编写指令。

试一试点击舞台上方的小绿旗播放吧！

不一会儿，精灵鼠在卡卡的帮助下完成了精灵国美丽风景的动画相册，卡卡还把豆豆和其他小伙伴也都放进相册中。

"这下回去后可以给我的人类朋友欣赏你们的神奇王国了！"卡卡高兴地说，"我还要向他们介绍你们这群勇敢、友爱又好学的小伙伴。"

"哇，真的吗？"思思兔和精灵鼠开心地手舞足蹈起来，"卡卡，你一定要经常来这里玩哦！我们会想念你的！"

"一定，一定！"卡卡连连点头。

欢迎再来精灵国！

拓展活动

小朋友，场景转换是不是很有趣呢？特别的场景做特别的事，公园、家、学校、电影院……我们是不是也经常变化场景呀？

1. 你能为下列动物配上合适的场景吗？把它们连一连线。

2．看一看演示视频，试试把上面这3个动物和3个场景放入Scratch Jr中，结合以前学习过的"点击"指令，制作一个场景切换游戏，把动物们送回自己的家。

扫一扫，看视频

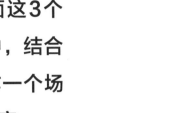

小朋友，恭喜你获得一枚"场景大师"勋章。

指令复习

指令	英文	中文	说明
	Start on Green Flag	从绿旗开始	点击绿旗时运行指令。
	Start on Tap	从点击开始	当点击角色时运行指令。
	Hop	跳	将角色向上移动指定数量的网格，然后再向下移动到原位。
	Wait	等	将角色的指令暂停指定的时间（"10"为1秒钟）。
	Repeat Forever	永远重复	一遍又一遍地运行指令，永不结束。
	Go to Page	转场	跳转到另一个指定的场景。

任务答案

任务1：用Scratch Jr制作动画相册。

扫一扫，看视频

拓展活动参考答案

1. 你能为下列动物配上合适的场景吗？把它们连一连线。

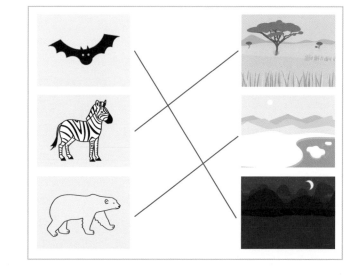

2. 看一看演示视频，试试把上面这3个动物和3个场景放入Scratch Jr中，结合以前学习过的"点击"指令，制作一个场景切换游戏，把动物们送回自己的家。

①在第1个场景中添加3个动物角色和标题。

②增加3个新的场景。

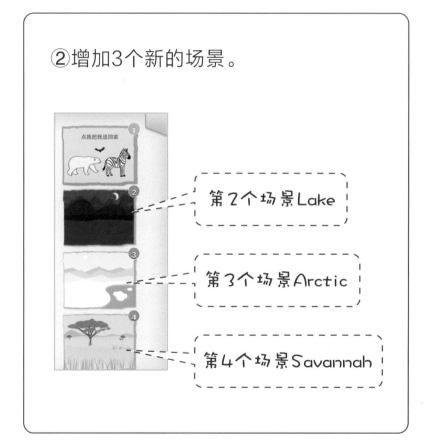

第2个场景Lake

第3个场景Arctic

第4个场景Savannah

③给第1个场景中的动物编上切换场景指令。

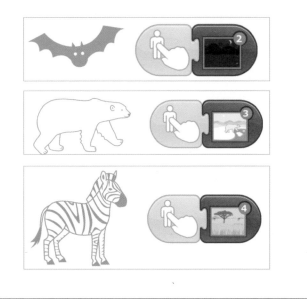

④给第2、第3、第4个场景增加相对应的动物角色，并编上相应的指令。

- 第2个场景

- 第3个场景

- 第4个场景

⑤给第2、第3、第4个场景增加一个能用于"返回到第1场景"的角色，并编上相应的指令。

第11话 神奇的信号灯

正当小伙伴们七嘴八舌时，"喵喵旋风车"突然来了个急刹车，小伙伴们差点都飞了出去，还好车速不快并且大家都系了安全带。发生了什么事情？

原来精灵国没有使用人类社会中的交通信号灯，小动物们驾着车经过路口时经常会乱作一团。

"你们这里没有交通信号灯吗？"卡卡非常吃惊地问豆豆。

豆豆一脸茫然地反问："什么是'交通信号灯'呀？"

"人类的交通信号灯分很多种，主要用来维持道路交通秩序，确保通行安全。"卡卡解释道，"我们一般会在路口设置信号灯，红绿灯是最常用的指示车辆和行人的交通信号灯。红灯表示禁止通行，绿灯表示可以通行。"

禁止

通行

"原来如此，这真是一个好办法！可是大家都能遵守吗？"思思兔摸着撞疼的耳朵问道。

卡卡推了推眼镜说："当然啦！遵守信号灯是交通法规，人人都要遵守，但是也有个别人不遵守，每年都会有些人因为闯红灯而受伤，甚至失去生命。"

"啊！那真是不值得呀！"精灵鼠瞪大了眼睛问，"那些违反交通法规的人一定会有像大灰鼠一样的下场吧？"

"是的，如果造成严重的后果，这些人也会失去自由、接受惩罚。"卡卡点点头说道。

"我们这里的车辆越来越多了，似乎也需要像你们那样的信号灯呢！"思思兔说。

豆豆也连连点头："是啊，太有必要了，虽然我们精灵国的居民都很懂礼貌，会礼让，但车子越来越多，没有规则难免会乱糟糟的。"

卡卡想了想说："其实我们可以用Scratch Jr来制作红绿信号灯。"

"那真是太好了，快教教我们怎么做吧！"豆豆索性把车停在路边的空地上，让卡卡安心教大家做交通信号灯。

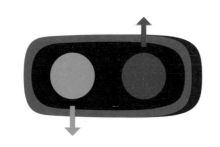

红灯亮：禁止

绿灯亮：通行

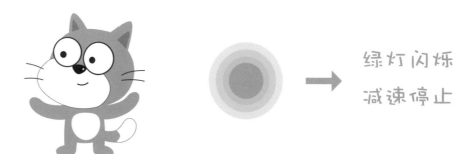

绿灯闪烁
减速停止

不过这次卡卡还没有开口，思思兔就先问起来："卡卡，你能说一说人类的红绿灯是怎么变化的吗？"

"哦，是这样的，如果只有红灯和绿灯组成的信号灯，它们会每隔一段时间交替亮灭，红灯灭的时候绿灯亮起，但是绿灯在熄灭前会闪烁几次，然后红灯亮起。这样做是为了提醒大家看到绿灯闪烁时要减速停止，因为红灯马上就亮了。"卡卡慢慢说着。

不知从什么时候开始，思思兔已经拿出一支笔在随身带的笔记本上画了起来。

精灵鼠好奇地凑过来，问道："思思兔，你在干嘛？"

"我把卡卡说的红绿灯变换方式的要点记下来，这样有助于理清思路。"思思兔边画边解释。

精灵鼠看到思思兔在本子上画了一些圈圈、线线，并写了一些文字，它更奇怪了："为什么用这些圈圈、线线呢？"

思思兔把自己画好的图给大家看："这张图能告诉我们红绿灯之间的关系，你们能看明白吗？"

卡卡夸奖道："思思兔，你做得真棒！老师教过我们画这样的图，我们把它叫做'思维导图'，它能抓住重点，帮助我们理清思路和关系，这对于编程非常重要。"

真棒啊！

怎么做？

思维导图？

接着，卡卡又对豆豆和精灵鼠说："豆豆、精灵鼠，你们可以根据思思兔的思维导图来思考需要使用什么指令，这样就更清楚怎么做了！"

"嗯，嗯！"豆豆和精灵鼠连连点头。

"肯定要用'等待'！""闪烁是不是可以用'隐身'？""光用'隐身'不够吧？"……小伙伴们热火朝天地讨论起来。

小朋友，一起来加入小伙伴们的讨论吧！

任务1：对照思思兔绘制的思维导图，从学习过的指令中圈出你认为需要使用的指令。

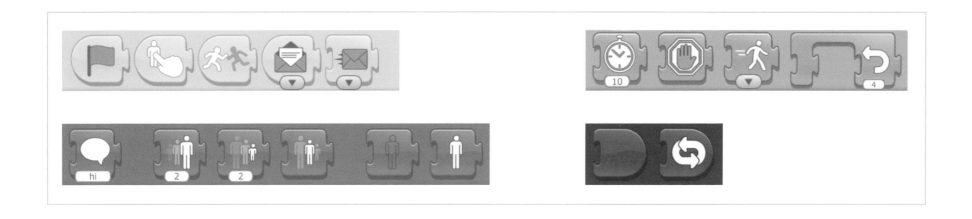

　　豆豆和小伙伴们一起找出需要的指令，思思兔便尝试用Scratch Jr编写指令。

　　没多久，思思兔就遇到了"麻烦"，它发现红绿灯不能很好地按照设想好的时间进行变换。

小朋友，你能发现思思兔编写的指令有什么问题吗?

任务2：阅读思思兔编写的指令，想想问题出在什么地方。

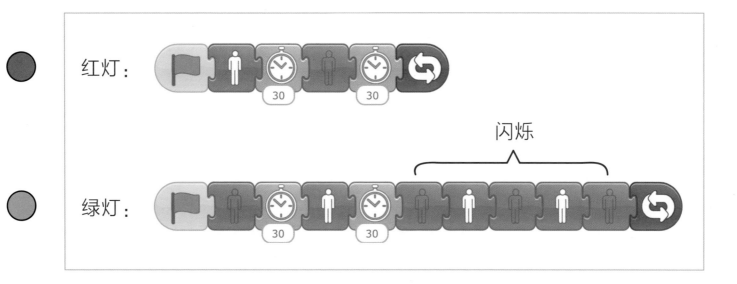

卡卡讲解道："思思兔，你设计的红灯、绿灯亮和灭的时间都一样，但是由于绿灯多出一段闪烁的指令，这样绿灯还在闪烁时红灯就亮了，后面的指令也就乱了。"

思思兔一拍脑袋："对呀，是我考虑不周，那这样红灯灭的等待时间要长一点。"

卡卡点点头说："可以这样设计，但是在Scratch Jr中还有个很有用的指令，它能够帮助角色相互传递消息，这样只要当绿灯熄灭时发个消息给红灯就可以了。"

"那不是和小喜鹊给我们报信一样？好让我们知道应该怎样准备对付大灰狼？"精灵鼠插嘴道。

"对！有点相似！"卡卡点开黄色积木块，拖出第4个指令和第5个指令，对大家说："这一组指令叫'消息'指令，一个负责发消息 ，一个负责收消息 。"

卡卡又点开指令下方的小箭头，继续讲解："一共有6种消息颜色，收发消息的颜色是一一对应的，也就是说，你发的是红色消息，收到红色消息的角色才会有反应。"

豆豆摇摇尾巴说："这似乎很好玩！那是不是只要红灯灭的时候发一个绿色消息给绿灯，告诉让它亮就可以了？"

卡卡称赞道："对，你想得很正确！但是绿灯必须要用绿色的'收消息'指令开始才有用哦！"

精灵鼠开心地跳到卡卡肩上，迫不及待地说："卡卡，我明白了！就是一发一收，一一对应！"

卡卡连连点头。

"原来如此，这样就不用去计算绿灯闪烁的时间了，用消息传递可以非常精确。"思思兔说着就着手修改起刚才的程序来。在卡卡的帮助下，红绿信号灯终于制作好了。

小朋友，你想体验"消息"指令的神奇功能吗？让我们一起来跟着思思兔制作吧！

任务3： 用"消息"指令，制作一个自动变换的红绿灯。

1. 创建角色和标题

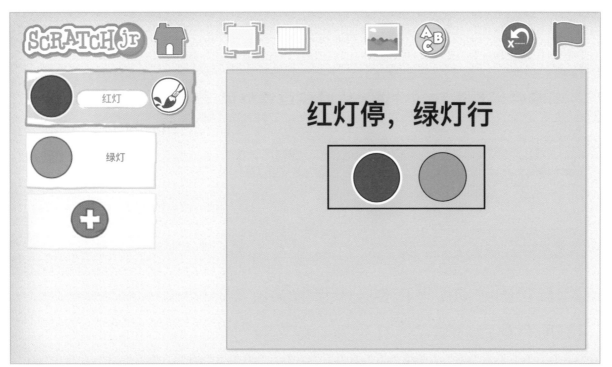

我们一起来完成任务吧！

2. 角色编写指令

红灯

收到红色消息时红灯亮起，持续一段时间后红灯熄灭，并发送一个绿色消息

点击绿旗红灯亮起，持续一段时间后红灯熄灭，并发送一个绿色消息

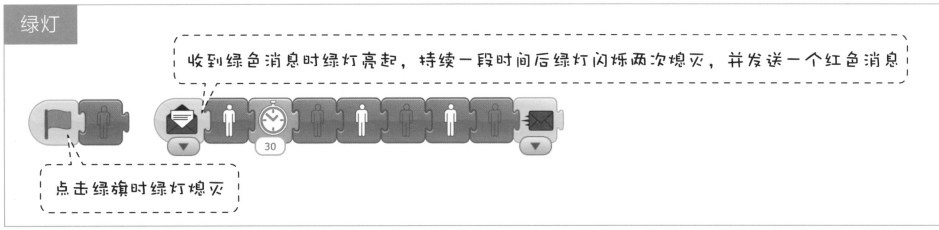

绿灯

收到绿色消息时绿灯亮起，持续一段时间后绿灯闪烁两次熄灭，并发送一个红色消息

点击绿旗时绿灯熄灭

豆豆和小伙伴们用自己的劳动所得，委托卡卡购买足够的Pad，把Pad安装在几个主要路口，并且还向精灵国的所有居民分发了"红灯停，绿灯行"的交通信号灯宣传单，得到大家的热烈欢迎和支持。小动物们都很自觉地遵守交通秩序，再也没有发生在路口混乱一片的情况了。

"红灯停、绿灯行"，你能让舞台中的小车也遵守这样的规则吗？

1. 在红绿灯的基础上添加小车，使它能在红灯亮
起时停、绿灯亮起时走。

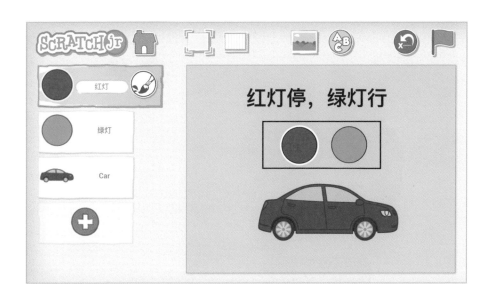

生活中的交通信号灯由红灯、黄灯、绿灯组成。黄灯表示警示，我们见到黄灯亮了也要停一停，闯黄灯也是非常危险的行为！

绿灯的闪烁指令只有2次，如果要闪烁5次，指令会变得很长。你能用这个像帽子一样的"按次数重复"指令  来简化它吗？它可以套在需要重复的指令上。例如，图

2. 尝试优化绿灯闪烁指令。

成功了吗？

加油啊！

我也试试~

3. 选出可以用"按次数重复"指令来简化的指令条，并圈出可以重复的指令。

例如，

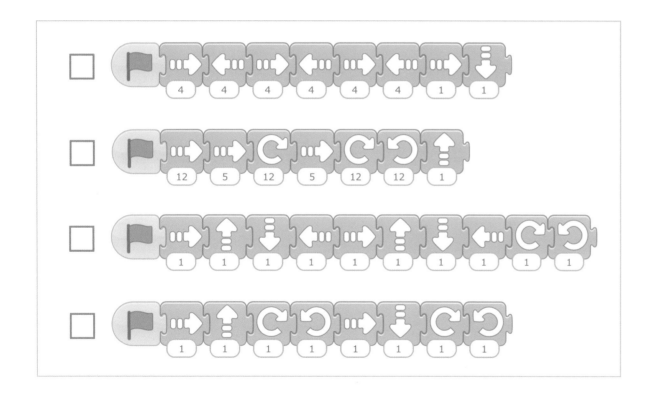

小朋友，恭喜你获得"交通安全大使"勋章一枚！

指令复习

指令	英文	中文	说明
	Start on Message	从收到消息时开始	每当发送指定颜色的消息时运行指令。
	Send Message	发送信息	发送指定颜色的消息。
	Wait	等	将角色的指令暂停一段指定的时间（"10"为1秒钟）。
	Stop	停止	停止角色所有的指令。
	Repeat	重复	按指定次数重复运行指令。
	Repeat Forever	永远重复	一遍又一遍地运行指令，永不结束。

任务答案

任务1： 对照思思兔绘制的思维导图，从学习过的指令中圈出你认为需要使用的指令。

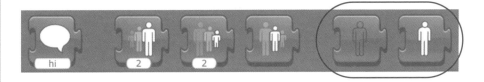

任务2： 阅读思思兔编写的指令，想想问题出在什么地方。

　　要根据绿灯闪烁的次数，更改红灯熄灭时间的长度，也就是说，

红灯灭的时间=绿灯亮的时间+绿灯闪烁的时间。

任务3： 用"消息"指令，制作一个自动变换的红绿灯。

看看你的制作与视频效果是否相同。

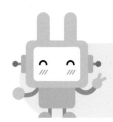

拓展活动参考答案

1. 在红绿灯的基础上添加小车，使它能在红灯亮起时停、绿灯亮起时走。

停止当前角色的指令

2. 尝试优化绿灯闪烁指令。

3. 选出可以用"按次数重复"指令来简化的指令，并圈出可以重复的部分。

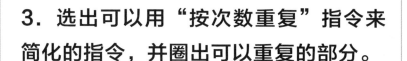

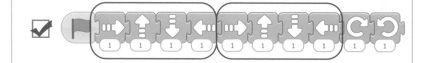

扫扫我听语音

第12话 编程社区成立啦

学习目标

12.1 巩固提高指令的运用和概念的理解；

12.2 提高观察、探究和解决问题的能力；

12.3 懂得编程最终是为生活服务的。

卡卡把自己探究的Scratch Jr编程本领都教给小伙伴们，豆豆觉得精灵国所有的小动物都应该掌握这个本领，于是它提议开设一所编程学校。

卡卡却说："虽说大家都了解这些指令的作用和使用方法，但是要成为一个编程小老师，还需要多多练习，要能够灵活运用。"

思思兔附和道："是的，我觉得要学习的东西还很多，学校可不是随便开的，我认为我们还不够格。"

"那我们不能开编程学校啦！"豆豆有点泄气。

卡卡安慰道："没关系，我们可以成立一个编程社区，把有兴趣学编程的小伙伴召集到一起学习交流。在交流的同时，我们也能巩固和提高自己的本领。"

豆豆眼睛一亮："编程社区？这个名字好，可以把社区活动放在我这里，我非常乐意招待大家！"

卡卡抬头看看豆豆家的日历："豆豆，我在这里呆了好多天。马上就要到9月1日，我要开学了，你的好朋友已经救出来了，我也参观了你们可爱的精灵国，我该回去了。"

豆豆点点头："嗯嗯，不能耽误你的学习，你有空一定要来这里看我们呀！"

"卡卡，卡卡，先不要走，能不能再教一些本领给我？我比较笨，学得慢。"精灵鼠拉着卡卡的衣角轻轻地恳求。

卡卡摸摸精灵鼠的头说："你一点儿也不笨，每个人都有自己擅长的本领，你找松果的本领就很厉害嘛！"

精灵鼠不好意思地笑了。

嘿嘿，
还好啦~

精灵鼠，
你要相信自己
非常厉害！

卡卡继续说："不过为了巩固大家的编程本领，我特地为大家准备了一些动脑筋的题目。"

思思兔已经迫不及待了："快拿出来吧！我想挑战一下。"

卡卡启动了Scratch Jr，他说："我已经准备好了，基础指令一共4关。大家一起来挑战！"

小朋友，让我们一起来挑战好吗？

任务1："让小动物向右走5格"可以怎样编写指令？你能想到几种方案？

向右走5格

这个任务精灵鼠完成得最好，因为他想出了3种不同的方案。

任务2："让小动物跳一跳"可以怎样编写指令？你能想到几种方案？

向上跳一跳

这一题思思兔做得最好，她想出了两种方案，原来她通过自学认识了"跳跃"指令 。

任务3："让小动物向右转一圈"可以怎样编写指令？你能想到几种方案？

向右转一圈

有了前两关的经验，在这一关里，小伙伴们想出了很多种方案。

编程没有标准答案，许多方案都可以达到目的，但是不同的方案可能有不一样的运行过程，我们可以根据实际情况不断改进指令，使其拥有最简单的过程和最满意的效果。

任务4：看一看视频效果，用指令"模拟出不同球的运动方式"。

点击时移动到右边

这一关豆豆做得最棒，因为他是个运动爱好者，非常熟悉球类的运动方式。

"编写指令的时候，我们要关注到很多物体在运动时需要有几个动作同时进行组合，它们都有一个相同的开始信号。"卡卡在完成第4个任务时提醒大家。

"我想起来了，就是以前学过的'并行'，它是并列进行的意思。"思思兔抢着说。

卡卡点点头："大家都学得非常棒！编程不光可以激发我们的思维，并且能够提高观察和全面考虑问题的能力。"

精灵鼠开心地蹦上蹦下："是的，是的！我觉得自己比以前爱动脑筋了！遇到问题不会退缩了！"

卡卡摸摸精灵鼠的脑袋，说："你最晚开始学，但你很努力！"他又对大家说："据说新学期我们要学习比Scratch Jr更加厉害的Scratch软件，下次回来我再和大家交流！"

"真的？真的？"小伙伴们顿时兴奋起来，"卡卡，你一定要回来教我们呀！"

下次回来再教你们新东西！

要回来看我们哦~~

再见！

卡卡在小伙伴们依依不舍的目光中离开了。

卡卡走后，豆豆和小伙伴们成立了一个编程社区，它们教会精灵国其他小动物们使用Scratch Jr编程，并利用编程本领做了很多创新、不断建设精灵国。

小朋友，你知道智能机器人吗？其实机器人之所以有"智慧"，是因为人类给机器人编写指令，才能让机器人拥有思考和判断的能力。你能找出身边的智能设备吗？

1. 选出属于智能机器的物品

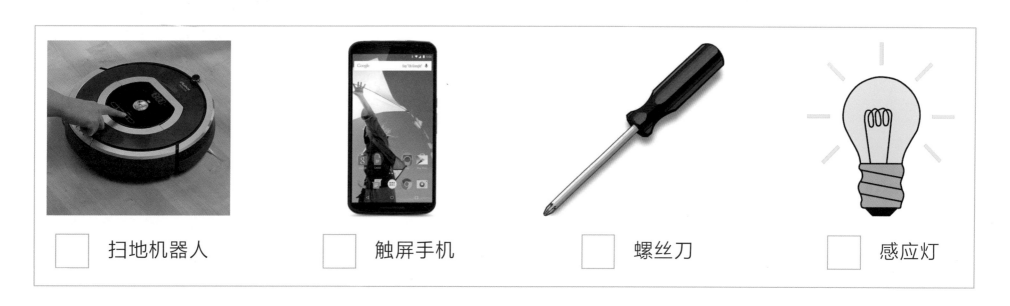

☐ 扫地机器人	☐ 触屏手机	☐ 螺丝刀	☐ 感应灯

2. 试试为下列角色编写指令

①请先画一画机器人的行走路线。

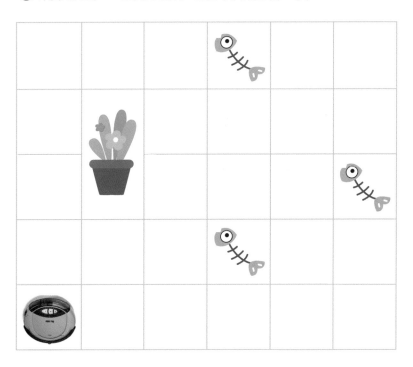

规则：

①扫地机器人的路线必须经过所有垃圾，但不能碰到花盆；

②当垃圾碰到扫地机器人时消失；

③当花盆碰到扫地机器人时会倒下。

②编写指令：

指令复习

指令	英文	中文	说明
	Start on Tap	从点击开始	当点击角色时运行指令。
	Start on Bump	从触碰开始	当角色被另一个角色触碰时运行指令。
	Hop	跳	将角色向上移动指定数量的网格，然后再向下移动。
	Hide	隐藏	淡出角色，直到看不见。
	Wait	等	将角色的指令暂停一段指定的时间（"10"为1秒钟）。
	Repeat	重复	按指定次数重复运行指令。

任务答案

小朋友，方案有很多，以下只是例举哦！

任务1： "让小动物向右走5格"可以怎样编写指令？

任务2： "让小动物跳一跳"可以怎样编写指令？

任务3： "让小动物向右转1圈"可以怎样编写指令？

任务4：用指令"模拟出不同球的运动方式"。

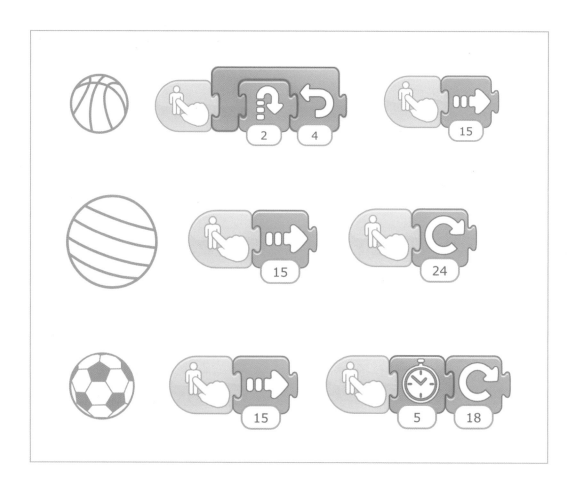

拓展活动参考答案

1. 选出属于智能机器的物品

☑ 扫地机器人 ☑ 触屏手机 ☐ 螺丝刀 ☑ 感应灯

2. 试试为下列角色编写指令

 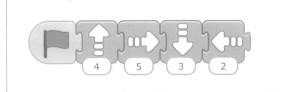

（行走路线可以有很多种，这里只是例举。）

第13话　我的好朋友

学习目标

13.1 了解Scratch Jr项目创作的一般流程；

13.2 能根据作品评价表评价作品，并有修改、提高的意识。

小朋友们，"卡卡的奇幻编程之旅"故事暂且告一个段落。他在这次"旅行"中交到了3个好朋友。回来后，卡卡用Scratch Jr完成了一个作品，介绍精灵国的好朋友们团结一致、斗败大灰狼的故事。

扫一扫，看视频

认输

扫扫我
听语音

项目规划

你是不是也有很多好朋友呢？能不能也用Scratch Jr来介绍一下他们？

你会怎样制作这个作品呢？让我们先来一起理理思路好吗？

制作一个Scratch Jr作品，一般要经过"规划内容、收集资料、编程调试"的过程。

内容规划 ➡ 收集资料 ➡ 编程调试

现在就让我们开始吧！

1. 你要介绍的好朋友是谁？（2~3个）

```
        我的好朋友
   ┌────────┼────────┐
  文本      文本      文本
```

2. 你想要介绍的具体内容是什么？（选1~2个）

☐ 性格 ☐ 特长 ☐ 优点 ☐ 其他

3. 你想用哪些素材表现？

☐ 照片 ☐ 声音 ☐ 文字

4. 你需要几个场景？每个场景放什么内容？

第1场景

第2场景

第3场景

第4场景

扫扫我
听语音

5. 场景之间怎么切换?

①按照顺序:

②可以跳转:

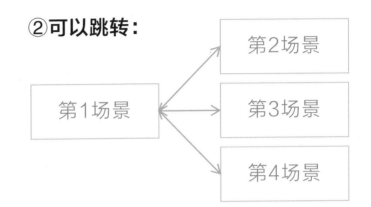

6. 制作每个场景的内容

7. 给每个场景中的角色编写指令

- 你要考虑角色有没有动画?
- 怎么动?
- 需要用到哪些指令?

8. 调试指令,修改完善

你可能在制作的时候碰到一些问题,不要着急,每编写完成一条指令,就应该试试看是否成功。

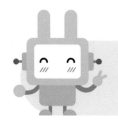

项目评价表

 完成作品后，你可以对照评价表自我检查，使自己的作品更有吸引力。

评价内容	很棒	还不错	加油
画面是否美观，场景设计是否符合作品主题和内容。			
角色是否有吸引力（如是否有趣、是否有动画效果）。			
表现是否多样（如是否有图片、文字、声音等）。			
程序设计是否合理（如等待时间是否过长或过短，是否有必要的交互），是否有错误。			

现在快把你的作品和大家分享吧！

图书在版编目(CIP)数据

STEAM 之创意编程思维 Scratch Jr 精灵版/叶天萍著.—上海:复旦大学出版社,2017.6
(天才密码 STEAM 之创意编程思维系列丛书)
ISBN 978-7-309-12986-1

Ⅰ.S… Ⅱ.叶… Ⅲ.程序设计 Ⅳ.TP311.1

中国版本图书馆 CIP 数据核字(2017)第 126034 号

STEAM 之创意编程思维 Scratch Jr 精灵版
叶天萍 著
责任编辑/梁 玲

复旦大学出版社有限公司出版发行
上海市国权路 579 号 邮编:200433
网址:fupnet@ fudanpress.com http://www.fudanpress.com
门市零售:86-21-65642857 团体订购:86-21-65118853
外埠邮购:86-21-65109143 出版部电话:86-21-65642845
上海丽佳制版印刷有限公司

开本 890×1240 1/16 印张 12.75 字数 220 千
2017 年 6 月第 1 版第 1 次印刷

ISBN 978-7-309-12986-1/T・602
定价:68.00 元